我能养只狗吗?

DOGS ARE GREAT BUT ...

[捷克]斯捷潘卡·塞卡尼诺娃/著

[捷克]亚当·沃尔夫/绘

梅静/译

中国出版集团
中译出版社

> 大家都说，
> 狗狗是人类最好的朋友。
>
> 它忠心耿耿，从不让人失望，还非常有趣……

没有狗狗陪伴的日子多难过呀！当朋友不在身边，谁陪你出去玩儿？而你内心深处的秘密，又能告诉谁呢？遗憾的是，一些父母并不相信，让孩子养只狗是赠予孩子最好的礼物。父母也不相信，孩子能照顾好小动物。

怎么办？

来点儿建议？

我们证明给他们看吧！

你猜我在干吗，我在遛狗呢！但你看不见它，对吧？别吃惊，我只是想象自己有只狗。每天早晨六点，我都会带它出去溜达半小时。风雨无阻，周末也不例外！我要让爸爸妈妈相信，我养狗是认真的。

养只狗狗是很棒的！

爸爸妈妈很欣赏我的努力。今天是我的大日子！我要骄傲地宣布：从今天开始，我就有一只活蹦乱跳的狗狗啦！

梦想成真的感觉棒极了！有了狗狗，家里的一切都那么令人欢喜。我再也不用假装养狗，而是真的有只活生生的狗啦！它会"汪汪汪"地叫、"呜呜呜"地叫，会舔我的脸，高兴了还会摇尾巴。

你好呀，狗狗！走，我们去玩儿吧！

有狗狗跟着，无论去哪儿，我都不会再感到孤独。

虽然家里没法像从前那样整洁了，但你得承认，从此以后，你再也不会无聊啦！

狗狗是很棒的，但就是……

狗狗会随地大小便。

站那儿别动！再多走一步，你就踩上啦……地板上那摊水是怎么回事？

为了不让狗狗在客厅的地毯上拉屎撒尿，就必须教会它讲卫生。狗狗每次吃完饭、喝完水或睡醒了，我们都必须带它出门溜溜。很快，它就能习惯在户外排泄。

就像婴儿有尿不湿一样，狗狗也有专门的尿布。将狗狗的尿布固定放在房间特定的地方（比如：门边儿就非常棒）。很快，狗狗就能明白该去哪儿拉屎撒尿。

总有一天，它不再需要尿布，而是更喜欢去户外排泄。

温馨提示：
记得带个袋子和小铲子哦，以便收拾狗狗的排泄物。

狗狗是很棒的，但就是……

狗狗无论遇到什么，都喜欢又咬又扯的。

所有拖鞋都不见了，鞋子也得扔进垃圾桶了，更别提我家那新沙发了……

狗狗还把妹妹心爱的洋娃娃咬坏了，她哭了整整一天！

嗨，天哪！

呜呜呜！

怎么办？如果狗狗一直是这副德行，妹妹就再也不会开心了！

为了防止狗狗在房子里搞"破坏",我们需要用另一种娱乐方式吸引它的注意力。不如给它个玩具咬咬吧?

最好多带它出去遛遛,让它到处跑跑。

乖狗狗!

回家后,它已经累得不再想咬家具了。

如果外面雨夹雪，就不适合遛太久了。不过，在家里也能玩得很开心。

和你一样，狗狗也需要锻炼脑力。设计些能让它开动脑筋的娱乐项目吧。干吗不到处藏点儿狗粮，让狗狗去找呢？这个游戏肯定能让它兴奋不已！为了保持新鲜感，可以逐渐增加藏匿难度。

等脑力足够强了，天气也变好了，就带着狗狗出门玩飞盘吧。

瞧，只要让狗狗有很多不同的事做，你就不需要再解决它乱咬东西惹出来的麻烦事。不过，这话也不能说得太绝对……

更安静的犬种：

如果你的狗狗压根不想破坏家具，那就更好了！不过，千万别把这当成是理所当然。所以，永远不要让你的狗狗朋友感到无聊。

贵宾犬

吉娃娃犬　西施犬

更具野性的犬种：
若不想让家里变得乱七八糟，就得一直让这类狗狗玩得尽兴！

灵缇犬

史宾格犬

狗狗是很棒的，但就是……

它会一大早就把我从床上拽起来！

你喜欢早起吗？要知道好事过头也会成坏事。外面天都没亮呢，狗狗就拽着你的被子，求你带它出去……而你还得如它所愿！

出门啦!

照顾宠物,意味着就算你有时不愿意,但你也得走出自己的舒适区。虽然可能觉得痛苦,但你会得到一只感恩、快乐,还非常爱你的狗狗。所以,一切付出都很值得!

护卫犬

清晨和傍晚空荡荡的街道，会让你紧张不安吗？你是否感觉每个角落都潜藏着危险？好吧，有这种感觉的不止你一个。不过，忠实的狗狗朋友会陪着你，绝不会把你独自留在这儿！任谁跳出来攻击你都不用怕，狗狗会保护你！

教会狗狗适应牵引绳

如果你习惯用右手,就用右手牵牵引绳。左手也可以时不时帮帮忙,好牵得更稳些。

绳子别拉太紧,松一些更好。狗狗要是表现良好,请不断地表扬它。

不要在狗狗咬住牵引绳时表扬它!

当狗狗拉住牵引绳,或试图让你改变方向时,也别表扬它。

有时去野外玩耍，如果旁边没有别人，放开牵引绳，让狗狗自由活动也是不错的。但它若走着走着，碰上一只猫或其他什么动物，你俩的这段快乐时光可能就会非常短暂啦。

如果狗狗遇到很讨厌的人，会忍不住冲他狂吠！

所以，不要松开牵引绳，即使你确保狗狗能遵循"过来"之类的基本指令。

狗狗向你跑过来时，请大喊它的名字，并重复"过来"这项指令。（其他相同含义的指令也可以，喊什么你说了算。）

汪汪！
过来！

如果它乖乖回到你身边时，请奖励它！

乖狗狗！

狗狗是很棒的，但就是……

一遇到下雨天，它从外面回来就会带一身泥。

大雨滂沱，终于到家啦！

狗狗浑身湿透，脏兮兮的。是该把它吹干，还是直接放进浴缸呢？两种做法都不可取。狗狗的生活就是这样……

你可以用毛巾给狗狗擦身体，爪子尤其要擦干净。

如果它非常湿，可以用吹风机。

小心，不要烫到自己，也别烫到它……

当心触电

最后，请把地板擦干，湿地板可能会让人滑倒。

如果你的狗狗朋友特别脏怎么办？好吧，那你就得把它放进浴缸或淋浴间，好好地给它洗个澡啦。

狗狗是很棒的，但就是……

狗狗不像洋娃娃，它讨厌梳理毛发！

狗狗散步回来，浑身都乱糟糟的。你必须拿起梳子，给它好好梳理一下。事实上，长毛狗应该定期梳理毛发。

狗狗需要多久梳一次毛，取决于它的毛发类型。有些狗狗有两层毛发，上层是或长或短的粗糙毛发，下层是柔软厚实的毛发。给短毛狗梳毛，需要梳彻底。给长毛狗梳毛，得先将上层毛发分开，才能梳理下层毛发。

毛发类型

长毛型：容易打结和成块。

无毛型：只有尾巴、耳朵等部位需要梳毛。日照强烈时，需要给这类狗狗涂防晒霜。

非挑剔型：适合初次养狗的人，只需一周梳理一次。

丝状毛发型：打理较费力。这类毛易沾松果、杂草和其他脏东西。

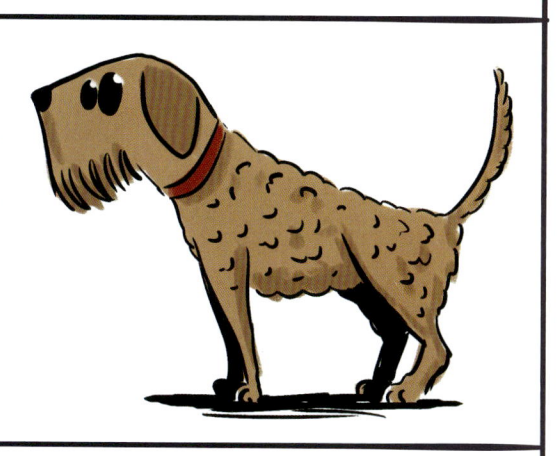

卷曲或波浪型：这类毛不容易脱落，但需要定期清洗和修剪。

粗毛型：需要定期梳理，去除浮毛。

25

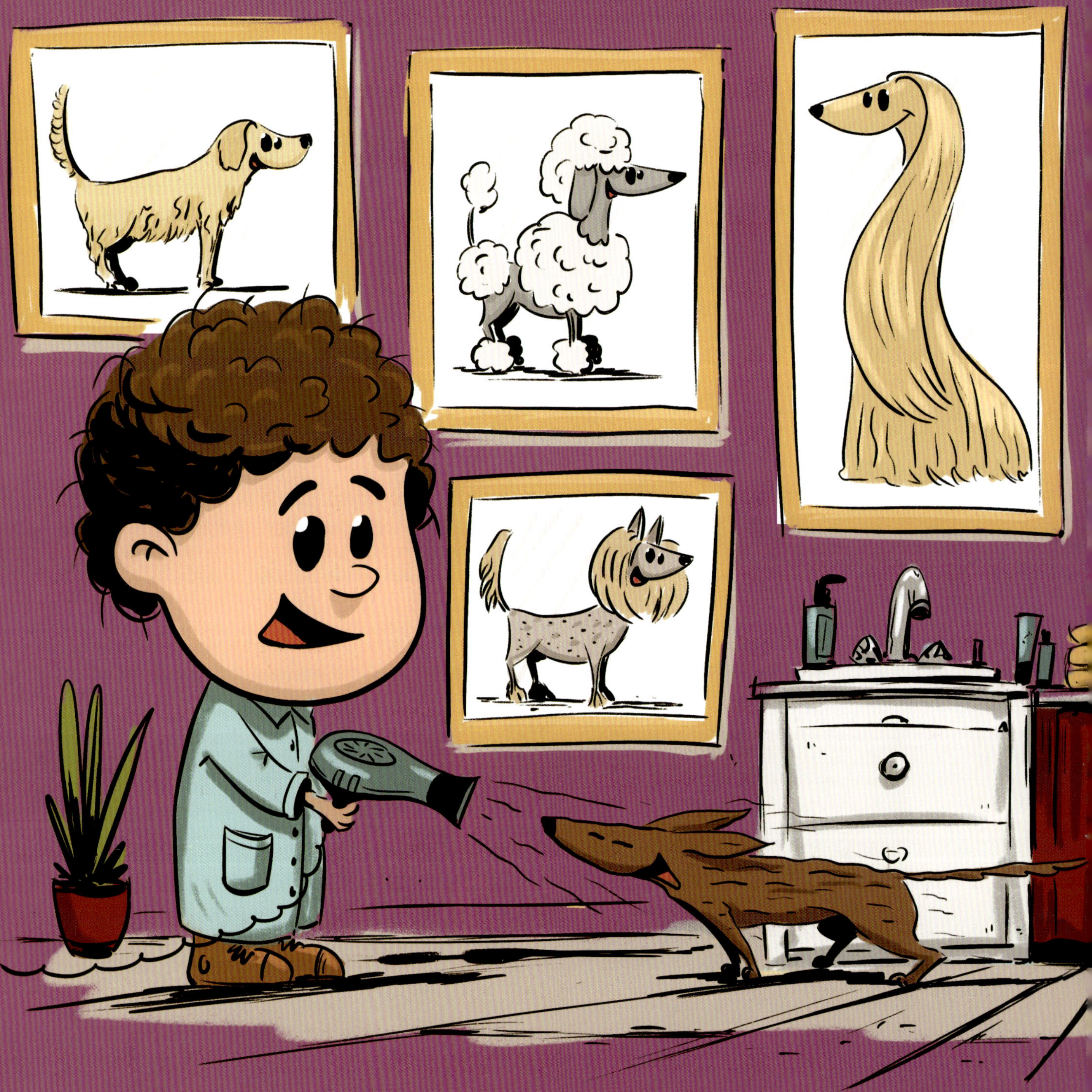

27

狗狗是很棒的，但就是……

狗狗该如何穿搭，才能跟上潮流？

出门遛狗时，你见过穿着迷人小夹克或时髦小靴子的狗狗吗？其实，某些狗的确需要此类时尚配饰。这倒不是因为它们爱慕虚荣，而是这些东西有益于狗狗的健康。

有些狗常年生活在温暖舒适的室内，耐寒能力远不及那些生活在户外的狗狗。我们需要根据气候变化，给狗狗朋友穿上保暖的毛衣或防水外套。

很多上了年纪的狗狗会喜欢穿暖和的毛衣。冬天时，体型小、腿短、毛发短或无毛的狗狗都需要穿上外套。尤其你打算多遛遛它们时，更得如此。

给长毛狗狗穿上得体的冬装，对它也大有好处。腿上的毛毛如果沾满积雪，该多难受呀！光是这么想想，就不愿意出门啦！

狗爪很敏感，无论是灼热的沙地，还是冰冷的雪地，狗狗都会觉得很不舒服。如果能为娇嫩的狗爪穿上特制的狗鞋，再走在石子路或撒了盐的雪路上，狗狗肯定会非常感激你。

狗狗是很棒的，但就是……

有时，狗狗会生病。

要想让狗狗尽量不生病，你就得定期去宠物医院，为狗狗接种疫苗和驱虫（即去掉讨厌的寄生虫）。

和人类一样，狗狗有时也会伤到自己，或误食一些对健康有害的东西。幸亏兽医可以解决这类问题和其他更严重的疾病。

通过 X 光片，可以看出狗狗是否吃了不该吃的东西（比如网球）。有时，狗狗难免需要手术。术后，兽医会给狗狗戴上伊丽莎白圈[1]，以防止它舔咬缝合线。

就算最聪明能干的狗狗，也可能骨折。瞧瞧这只康复期的狗狗，真像埃及木乃伊呀！

> 腹泻是狗狗最常见的疾病之一。有时，狗狗会误食不该吃或对健康有害的东西。如果狗狗腹泻，你必须得让它节食。便秘的狗也需要节食，因为便秘会让狗狗非常痛苦。

---
1. 套在猫狗脖子上的圆锥形项圈。——译者注

不适合给狗吃的食物

西红柿

柑橘

鳄梨

大蒜

糖

葡萄

巧克力

洋葱

樱桃

杏仁

煮过的骨头

适合给狗吃的食物

蛋

某些药材

鲜肉

特制狗粮

骨头

鱼

一些水果，如苹果

米饭

红薯

蔬菜

橄榄油

狗狗是很棒的，但就是……

我们想度假时，狗狗怎么办？

该遛狗了，你却想跟朋友去看电影，这可怎么办？结果只有两种：要么不看了，要么找别人（比如你的兄弟姐妹）帮你遛狗。

如果你想和全家人去一个充满异国情调的地方度假，狗狗怎么办？

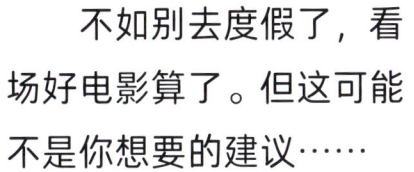

不如别去度假了，看场好电影算了。但这可能不是你想要的建议……

你可以找个好心人，帮你照顾半个月的狗狗。

也可以把狗狗送去宠物店寄养。

最佳解决方案：带上你这位四条腿的朋友，一起去度假吧！

狗狗是很棒的，但就是……

它总是叫个不停！

选择宠物时，我们很容易忽视狗狗的一些特性。记住：有些狗很爱表现自己，因此它总是"汪汪汪""呜呜呜"地叫个不停。这样一来，邻居们可要不高兴啦。

但这也没办法，爱叫是狗狗的天性。你只能希望邻居也能有颗"爱宠心"吧。

哎呀，你已经把这本书读完了！还想养只狗吗？真的还想啊？恭喜你！看来你不是说着玩玩的！请相信我们，虽然养狗会带来一些麻烦事儿和弊端，但这依然是非常值得的……

犬类交流词汇表

狗狗的肢体语言

甩尾巴	缓慢而平静地摇尾巴
耶，我非常兴奋！	我满意极了！
尾巴夹在后腿之间	全身紧绷，努力让自己显得更大
我很害怕。	我才不怕你！
蹲伏着	仰面躺着，露出肚皮
主人，请发布命令吧，我一定照办！	我非常爱你！

嘴	头和眼睛	耳朵
嘴角紧抿 我很警惕！	抬起头，目视前方 我是一只自信的狗。	耳朵紧贴脑袋 别吓我！ 我不明白你什么意思。
龇牙咧嘴 立刻离开这儿！	双目凝视，瞳孔收缩 我立马就会扑到你身上！	转过头来 我心情很平和。
张大嘴打哈欠 我很平静。	眼睛瞪大，嘴巴张开 我是一只快乐的小狗。	脑袋歪向一边 嗯，我不太确定……

©Designed by B4U Publishing, member of Albatros Media Group, 2023
Author: Štěpánka Sekaninová
Illustrator: Adam Wolf
www.albatrosmedia.eu
The simplified Chinese translation copyright © 2025 by China Translation & Publishing House.
All rights reserved.

著作权合同登记号：图字 01-2024-3351 号

图书在版编目（CIP）数据

我能养只狗吗？/（捷克）斯捷潘卡·塞卡尼诺娃著；
（捷克）亚当·沃尔夫绘；梅静译. -- 北京：中译出版
社, 2025.5. -- ISBN 978-7-5001-7913-9

Ⅰ. S829.2

中国国家版本馆 CIP 数据核字第 2025CC9929 号

我能养只狗吗？

WO NENG YANG ZHI GOU MA？

策划编辑：张　旭　李雪梅
责任编辑：张　猛
装帧设计：敖省林
内文排版：王颖会

出版发行：中译出版社
地　　址：北京市西城区新街口外大街 28 号普天德胜大厦主楼 4 层
邮　　编：100088
电　　话：(010)68002876
网　　址：http://www.ctph.com.cn

印　　刷：北京瑞禾彩色印刷有限公司
规　　格：889 毫米 ×1194 毫米　1/16
印　　张：2.5　　　　　　　　字　　数：50 千字
版　　次：2025 年 5 月第 1 版　印　　次：2025 年 5 月第 1 次

ISBN 978-7-5001-7913-9　　　　定　　价：59.00 元

版权所有　侵权必究
中译出版社